图画科学馆·物理

图画
科学馆

物理 伏特讲电灯

伏特 讲 电灯

[韩]严振仁/著 [韩]李延淑/绘 程 匀/译

华夏出版社
HUAXIA PUBLISHING HOUSE

图书在版编目（CIP）数据

伏特讲电灯 / [韩]严振仁著；[韩]李延淑绘；程匀译. –– 北京：华夏出版社，2013.1
（图画科学馆）
ISBN 978-7-5080-7330-9

Ⅰ.①伏… Ⅱ.①严… ②李… ③程… Ⅲ.①电 – 少儿读物 Ⅳ.①O441.1–49

中国版本图书馆CIP数据核字（2012）第277245号

图画科学馆：伏特讲电灯

作　　者　严振仁
绘　　画　李延淑
译　　者　程匀
责任编辑　吕　娜　陈　迪

出版发行　华夏出版社
经　　销　新华书店
印　　刷　北京鑫富华彩色印刷有限公司
装　　订　北京鑫富华彩色印刷有限公司
版　　次　2013年1月北京第1版
　　　　　2013年1月北京第1次印刷
开　　本　710×1000　1/16开
印　　张　4
字　　数　15千字
定　　价　11.00元

华夏出版社　网址：www.hxph.com.cn　地址：北京市东直门外香河园北里4号　邮编：100028
若发现本版图书有印装质量问题，请与我社营销中心联系调换。电话：（010）64663331（转）

写给小朋友的一封信

嗨，小朋友！

你好！

你是不是也和我一样，一直梦想着当一名科学家呢？你是不是看到生活中的许多现象都不理解，比如说，为什么船能浮在水面上不掉下去？为什么到了冬天水会结成冰？为什么我们长得像爸爸妈妈？为什么我们吃饭的时候不能挑食？这些知识我们怎么知道呢？为了考试看课本太枯燥了，有时候跑去问爸爸妈妈，他们摇摇头解释不清楚，这可怎么办呢？

现在，我们请来了世界闻名的大科学家来回答你的问题，有世界上最聪明的人爱因斯坦老师、被苹果砸到头发现万有引力的牛顿老师、第一位获得诺贝尔奖的女性居里夫人、发明了飞机的莱特兄弟……这些大科学家什么都知道。有什么问题，通通交给他们吧！

亲爱的小朋友，你准备好了吗？让我们一起去欣赏丰富多彩的科学大世界吧！

你的大朋友们

"图画科学馆"编辑部

编辑推荐

　　小朋友的科学素养决定着他们未来的生活质量。如何培养孩子们对科学的兴趣，为将来的学习打下良好的基础呢？好奇心是科学的起点，而一本好的科普读物恰恰能通过日常生活中遇到的问题、丰富多彩的画面以及轻松诙谐的语言激发孩子们对科学的好奇心。

　　在"图画科学馆"系列丛书中，我们精心选择了28位世界著名的科学家，请他们来给小朋友们讲述物理、化学、生物、地理四个领域的科学知识。这个系列从孩子的视角出发，用贴近小朋友的语言风格和思维方式，通过书中的小主人公提问和思考，让孩子们在听科学家讲故事的过程中，在轻松有趣的氛围中，不知不觉就学到了物理、生物、化学、地理方面的科学知识，激发孩子们对科学的好奇心和探索精神。

　　让这套有趣的科学图画书陪孩子思考，陪孩子欢笑，陪孩子度过快乐的童年时光吧！

目 录

亚历山德罗·伏特

（1745—1827）

伏特出生在意大利科莫，是最早发明电池的物理学家。除了电池，他还发明了测量物体是否有电的探测器。伏特的一系列发明使电学研究上升到了一个崭新的高度。

亚历山德罗·伏特

因为这些卓越的贡献，伏特获得了好多奖项，1794年，英国皇家学会给他颁发了科普利奖章，1801年，法国国王也给他颁发了特制金质奖章。

如果没有了电，你能想象出我们的生活会变成什么样子吗?电视打不开，我们无法观看有趣的动画片，冰箱不制冷，无法冷藏我们爱吃的雪糕，电饭煲做不了香喷喷的米饭，地铁也不能带我们去我们最爱去的动物园。生活简直太无趣了!

到了夜晚，四周一片漆黑，你会怎么办呢?

只要有电，我们只需轻轻按下开关，电灯就会照亮整间屋子，一家人还可以围坐在电视机旁，乐呵呵地度过愉快的晚间时光。

窗外，一根根电线若隐若现，互相连接，不知伸向何处。而顺着电线进入千家万户，为我们的生活带来众多便利的"主角"，就是电。

好，下面就让我们和伏特老师一起，去认识一下生活中必不可少的电吧!

小粉特别喜欢科学，尤其喜欢做实验。

今天在科学小教室里，小粉做了一个将电池和电灯泡相连，从而点亮电灯泡的实验。

回到家，小粉又试着做了一遍实验。虽然实验成功了，但她还是搞不清楚电究竟是如何进入电灯泡的，于是她决定给伏特老师写一封信。

伏特老师：

　　您好!

　　我是小粉，我特别喜欢科学。

　　今天我们做了关于电的实验。我觉得把电池和电灯泡相连，电灯泡就会发光可真是一件神奇的事情。

　　可是电是怎么进入电灯泡里的呢？我想知道更多关于电的知识。您能告诉我吗？

　　期待着您的答复!

小粉 敬上

未来的科学家小粉：

　　你好！

　　我是伏特。很高兴收到你的来信。

　　要想把电引入电灯泡，需要将电池的两端与电灯泡两头的灯丝相连。

　　但是如果电灯泡里的灯丝断了，电就无法通过，灯泡也就亮不了了。

　　　　　　　　　　　　　伏特老师

玻璃罩

灯丝

铜片

螺旋套

电灯泡构造图

伏特老师：

您好！

没想到这么快就收到了您的回信，我当时开心得哇地一声叫了出来。

现在我知道电是如何进入灯泡的了。非常感谢您。

今天我把我的玩具火车拿出来玩儿，没想到火车走着走着突然就不动了。妈妈说那是因为火车里的电池用完了。

老师，为什么电池用完了就不能继续使用了呢？

小粉 敬上

小粉：

　　你好！

　　电池是一种装载电的装置，玩具里的电池电量如果耗尽了，也就无法再使用了，只能扔到垃圾箱里。

　　不过有一种电池是可以充电后反复使用的，比如手机或笔记本电脑里的电池，都是可重复使用的电池。

　　给电池充电，需要充电器。

　　把电池放在充电器里，将充电器和插座相连，过一段时间后，电池充满就可以继续使用了。

一次性电池

充电电池

像干电池那种无法重复使用的电池

充电后还能继续使用的电池

插座后面有电线。

插头将电线和充电器连在一起，但是如果停电了，将插头插入插座也没有用。

如果电线的某个地方断开导致电流无法通过，那么就会停电。不过有时候也会因为雷电造成停电。

停电以后，我们家里所有的灯都无法打开，家用电器也会停止工作。

伏特老师

伏特老师：

　　您好！

　　感谢您的详细说明。

　　老师，今天我们用两节电池做了实验。

　　一开始我把电池装错了，吓了我一跳。因为我把两节电池凸出来的那头对在一起了，后来一看灯泡不亮，就又掉个头，把凹进去的两头对在了一起，可灯泡依然不亮。

　　直到最后，我把其中一节电池反过来，把凸出来的一头和凹进去的一头对在了一起，灯泡才亮了。

　　对了，我发现这次的灯泡比上次要亮，是因为装了两节电池的缘故吗？

小粉　敬上

小粉：

　　你好！

　　看来你非常喜欢做实验。

　　电池凸出的那一端是正极，凹进去的一端是负极。

　　两节电池相连，必须将正极和负极连在一起才行。

　　另外，就像你说的，两节电池与一节电池相比，电力会更强劲。如果是三节电池，就会比现在还亮很多。

　　把电池一个一个地按顺序头尾相连，叫做串联。

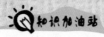

又发光，又发热

电池、电线和电灯泡相连，电会顺着电线一直传输到有灯丝的地方。电粒子与灯丝相遇，电灯泡就亮了。由于电粒子不断地与灯丝碰撞，因此还会产生热量。如果电灯泡点亮的时间过长，灯丝还会因温度过高而熔化、断裂。

串联

指2个以上的电池首尾相连。

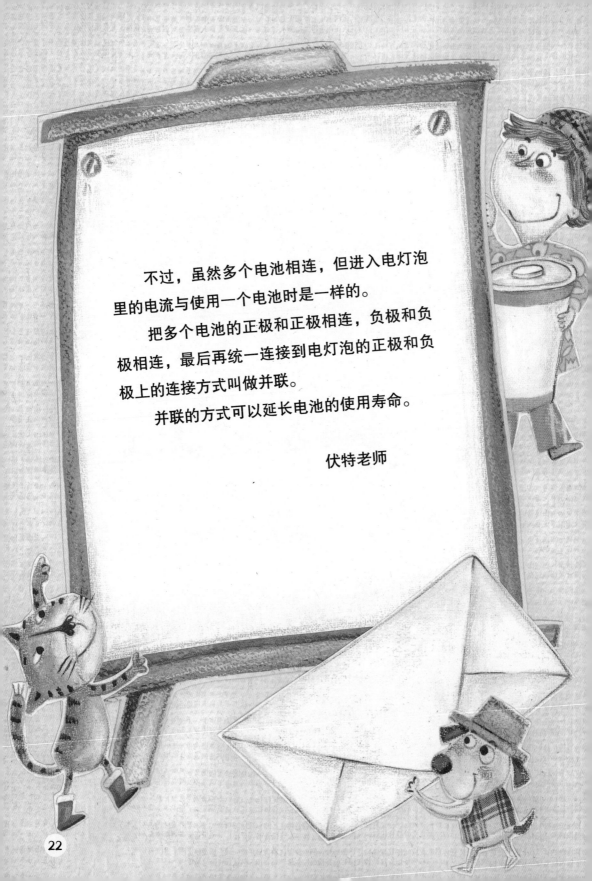

　　不过，虽然多个电池相连，但进入电灯泡里的电流与使用一个电池时是一样的。

　　把多个电池的正极和正极相连，负极和负极相连，最后再统一连接到电灯泡的正极和负极上的连接方式叫做并联。

　　并联的方式可以延长电池的使用寿命。

伏特老师

并联

　　指2个以上的电池头头
相接，尾尾相连。

23

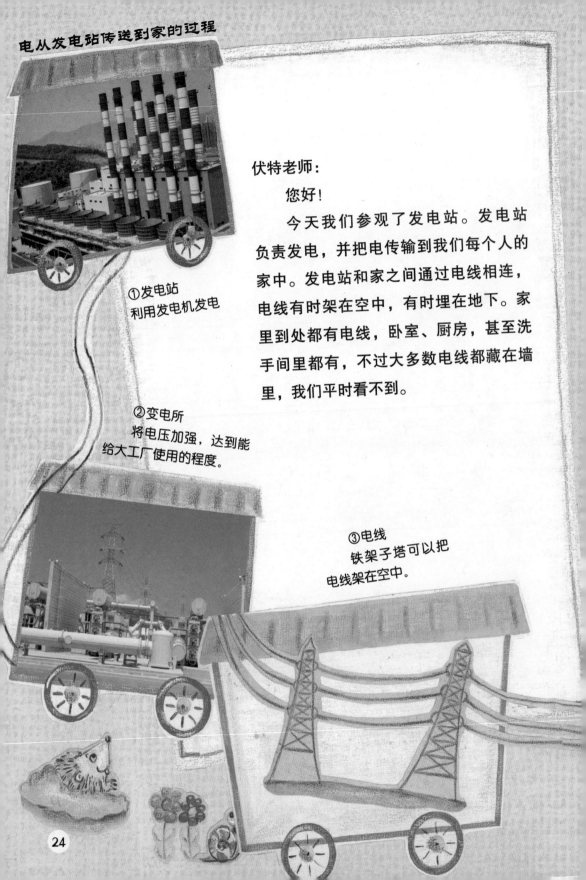

①发电站
利用发电机发电

伏特老师：

　　您好！

　　今天我们参观了发电站。发电站负责发电，并把电传输到我们每个人的家中。发电站和家之间通过电线相连，电线有时架在空中，有时埋在地下。家里到处都有电线，卧室、厨房，甚至洗手间里都有，不过大多数电线都藏在墙里，我们平时看不到。

②变电所
将电压加强，达到能给大工厂使用的程度。

③电线
铁架子塔可以把电线架在空中。

⑦家庭
电最终进入千家万户。

⑥变压器
降低电压，达到家庭和办
公室可以使用的电压标准。

⑤电线
从长电线中分离出短
电线。在一些大的城市，
电线还会埋在地下。

④变电所
将电压降
低，以便于小型
工厂使用。

25

开关是电线断开的地方。

打开开关，电线断开的地方就会连接在一起，这样电流就能顺利通过。

如果关上开关，电线会再次断开，电流也就无法通过了。

这些都是在发电站工作的叔叔告诉我们的。

今天我过得好开心哦！

小粉 敬上

小粉:

你好!

你今天的参观活动真是一次有意义的体验啊。

发电站能产生各式各样的电能。这些电能通过电线,传送到需要用电的地方。

变电所具有调节电压的功能。它可以将电能变大或变小,比如,如果要把电输送给大工厂使用,那么就把电能变大,但如果要输送到家庭或办公室中,就需要把电能变小。电能的强弱叫做电压,用"V",也就是"伏"来表示。

这个是110伏的。

一般家庭中使用的电压为110伏或220伏。你可以找找看家里的家用电器都是多少伏的。

伏特老师

插口

插头

看漫画
学科学

带电的南瓜

爸爸，最早发明电的人是谁啊？

公元前600年左右，……的哲学家泰利斯用抹……拭琥珀的时候，惊奇……现被摩擦过的琥珀能……附灰尘。

来一碗美味的南瓜粥吧！

❶　　琥珀是宝石的一种。泰利斯擦拭琥珀是为了使琥珀看上去更亮更好看。擦拭后的琥珀带电，能吸附灰尘等轻小的物体，这种电就叫做静电。

31

伏特老师：

　　您好！

　　我仔细观察了家里的各种电器，发现真的都标着220伏呢。

　　而且，我现在才发现家里需要用到电的电器可真多啊，有电视、收音机、电脑、冰箱、电扇、微波炉、电饭煲……如果没有电，我的生活就太不方便了。看不了电视，听不了音乐，屋子里也黑漆漆的一片，晚上什么都做不了。

　　有电的日子可真幸福呀！

小粉　敬上

小粉:

你好。

小粉的想法也很特别哦。

是的，电使人类的生活变得更加便利。但是现在浪费电的现象很严重，我很是担心啊。

人人都应该节约用电，因为电是很珍贵的。

房间里没人的时候记得要关灯，不用的插头要记着拔下来，不要总插在插座上。

如果大家一起努力，每个人节约一度电，就能节约出很多很多电呢！

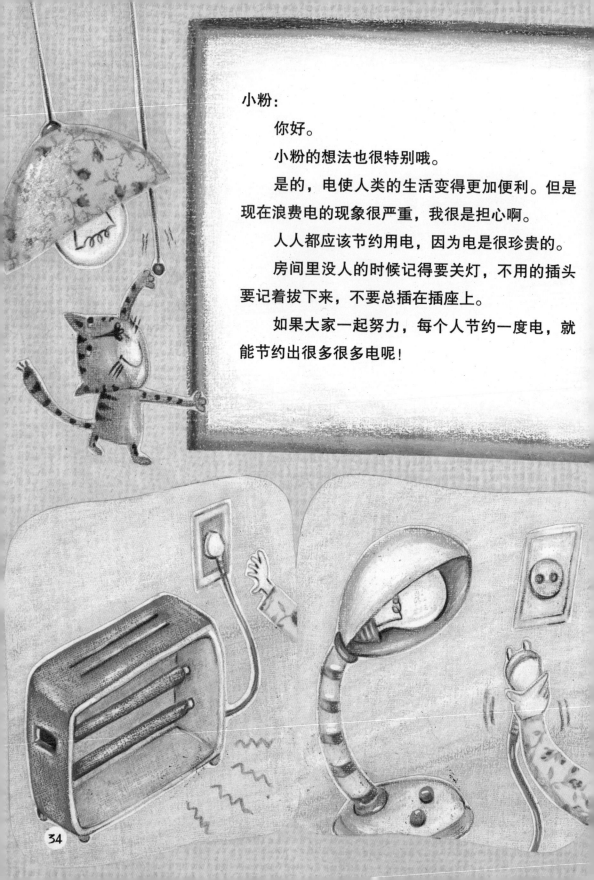

我们不仅要节约用电，小朋友们还要注意用电安全。

在日常生活要注意，不能用沾有水的手触摸电器，因为水能导电，会把电传到我们的身体里。

电一旦进入人体就会非常危险。

一个插座上插过多的电器也有一定的危险。

如果同时使用这些电器，会导致电流过强而引发事故。

小粉，如果你以后有问题，可以随时写信给我，我非常高兴为你解答问题。

伏特老师

拉电闸

电造成的事故往往有很大的危险性，所以在电流过强时，电闸会自动落下，进行断电保护。电闸内部的金属在遇到过大电流时会弯曲，因此会导致停电。很多家用电器也采用了相同的原理来防止电器过热。

爱迪生发明了电灯泡

电灯泡是我们生活中的必需品。我们无法想象没有电灯泡的世界会是怎样的。爱迪生发明电灯泡之后，当人们第一次看到灯泡光芒四射时，都大吃了一惊。

用竹子做灯丝

要说人类历史上最卓越的发明家，那么非美国的托马斯·爱迪生（1847~1931）莫属了。他一生共获得了超过1000种发明的专利。电灯泡就是爱迪生发明的。最初他用许多种金属做灯丝，却一直都没能成功。后来他选择用竹子做灯丝，灯泡一直亮了40个小时，后来又经过反复实验，终于发明了我们现在的电灯泡。

爱迪生出身贫寒，小时候靠卖报纸为生，但他并没有放弃自己的梦想。他为世人留下的一句经典的名言——"天才是99%的努力加上1%的灵感"——激励了无数人。

中国最早使用电灯的地方

在中国，最早使用电灯的地方，是上海的租界。清光绪八年（1882年），英国人李德立氏提出开办电气公司的申请，不久就得到当时公共租界工部局的批准。根据资料记载，电气公司成立后，第一批安装电灯的地方包括虹口招商码头和外滩公园等地，共计15盏。7月26日下午7点，15盏电灯同时点亮。第二天，上海各大报刊都在显著位置报道电灯发光的消息，在全国引起了巨大轰动。从这一天开始，中国也亮起电灯啦！

鱼会发电

　　动物们为了躲避天敌，都有自己的生存智慧，有很多种可以保护自己的方式。有的动物凭借庞大的体格和非凡的力气，有的依赖敏捷的动作，还有的会变色，还有一些神奇的鱼，靠发电来保护自己。

　　电鳐在感到危险时会放电。电鳗主要生活在南美洲亚马逊河和圭亚那河。

用电保护自己

　　会发电的鱼有电鳐、电鲇和电鳗等。这些鱼的身上都带有发电的机关。这些鱼的体内带电，所以当物体靠近它们时就会受到电流的冲击。不过它们大都只在感到威胁时才会放电，因为经常放电会消耗它们自身的体力。电鳗在亚马逊河中生活，身长达到两米。那里的人们在河里洗澡或过河时，都会先查看是否有电鳗出没，因为遇到它们是非常危险的事。

电会流动，也会停止

电的发明大大地方便了人们的生活。下面，我们一起了解一下电的特性和安全用电的方法吧。

流动的电流

　　电分为正极和负极。接通正负极，电流就会流动。电通过电线发光、发热和发声。冬天梳头时，头发会吸在梳子上，手碰到金属好像被刺了一下，这些都是由于电造成的。这种电叫做静电。物体之间相互摩擦，就会产生静电，比如风吹过云朵时就会产生静电，闪电就是汇集了很多的静电一下子释放出来的结果。

导电的物体

金属导电

电在不同物体中流动的顺畅程度不同。由于金属具有很好的导电性，所以常被用来做成电线。相反，树木、玻璃或橡胶就很难导电，所以电线的外面常用橡胶包裹起来，防止电流外泄。此外，橙子、盐水也具有很好的导电性，将电线与橙子或盐水相连，电灯泡也能被点亮。

人体也可以导电，所以我们要注意用电安全。

不导电的物体

注意电压

　　仔细观察电池，会发现电池上标有"1.5伏"、"9伏"等字样，这就表示电压的大小。电压可以根据需要进行调整，将其升高或降低。家用电器的电压一般为220伏或110伏。如果电压为220伏的电器连接在电压是110伏的插座上，电器就无法启动。相反，如果把220伏的电压加在110伏的电器上，电器有可能因电压过高而爆炸。因此我们在使用电器时，一定要先确认电压，再插插座。

安全用电

小朋友用电时一定要注意哦！

1、学会看安全用电标志。

红色标志：用来表示禁止、停止的信息。看到红色标志，小朋友们一定要提高警惕。黄色标志：提示我们要注意危险，如"当心触电"、"注意安全"等。

2、知道电流通过人体会造成伤亡。

凡是金属制品都是导电的，千万不能用这些工具直接与电源接触。如：不用手或像铁丝、钉子、别针等导电的金属制品去接触、探试电源插座内部。

3、水也是导电的。

电器用品不要沾上水，所以不能用湿手触摸电器，不能用湿布擦拭电器。如：电器开着时，不可用湿毛巾擦，防止水滴进入机壳内造成短路。湿着手时，也不要插插头，这样容易触电。

4、周围有人触电时，要设法立即关断电源。

不要用手去接触触电者，应呼叫成年人来帮忙，不要自己处理，以防触电。木头、橡胶、塑料不导电，叫绝缘体，用这些工具可以直接接触电源，不会引起触电，可以用干燥的木棍等东西将触电者与带电的电器分开。

5、知道如何使用电源总开关。

了解如何在紧急情况下断开总电源。

6、电器使用完后，应拔掉电源插头。

插拔电源插头时不要拽电线。

7、不可自行拆卸、安装电源线路、插座、插头等。

哪怕安装灯泡等简单的事情，也应当先关断电源，并在父母的指导下进行。

8、看到脱落的电线时，一定要躲得远远的。

对于裸露的线头，一定要远离，更不能用手碰。

9、下雨天防雷电。

在雷雨天气时，要关掉电视、音响，拔掉电源插头。

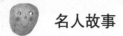

伏特发明电池的故事

　　有一天，伏特看到了一位解剖学家的论文，说动物肌肉里储存着电，可以用金属接触肌肉把电引出来。看了这篇论文后，伏特兴奋地决定亲自来做这个实验。他反复实验后发现，实际情况并不像论文所说的那样，而是两种不同的金属接触产生了电流，才使肌肉充电而收缩。

为了证明自己的结论，伏特决定更深入地研究电的来源。

一天，他拿出一块锡片和一枚银币，把它们放在自己的舌头上，然后叫助手用金属导线把它们连接起来。一瞬间，他感到嘴巴里一股酸味儿。接着，他将银币和锡片调换了位置，当助手将金属导线接通时，伏特感到的是咸味。

这些实验证明，两种金属在一定的条件下能够产生电流。伏特想，要是能把这种电流引出来，那么一定会发挥很大的作用。

1799年，伏特按照自己的想法，把几个盛有酸的杯子排在一起，然后分别往每个杯子中装入一块锌片和一块铜片，并将前一个杯子中的铜片和后一个杯子中的锌片用导线连接。最后，两端用导线接出来。伏特用手指捏住两端的导线，手指和身上都有种麻酥酥的感觉，这表明这种装置产生了很大的电压。

伏特经过反复实验，终于发明出在铜板和锌板中间夹上卡纸和用盐水浸过的布片，一层一层堆起来的蓄电池。这就是被后人称作"伏特电堆"的电池。

你会制造电吗？

电在电线里流动，能点亮电灯；打开其他家用电器，电在电线外也能流动。不管在电线内还是电线外，电的性质是不会改变的。让我们通过一个实验来了解电的性质吧。

请准备下列物品：

塑料圆珠笔2支　　　　　　　线　　　　　　　抹布

一起来动手：

1.把线缠在圆珠笔中央，使圆珠笔可以悬挂在空中。

2.用抹布多次擦拭另一只圆珠笔。

3.用抹布再擦拭几下拴有线的圆珠笔，然后将圆珠笔提起来。

4.将另一只圆珠笔靠近这支悬空的圆珠笔。

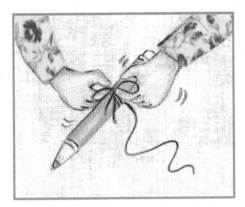

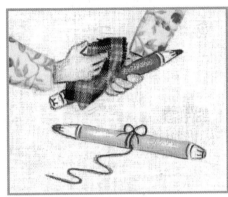

1 把线缠在圆珠笔中央，使圆珠笔可以悬挂在空中。

2 用抹布多次擦拭另一只圆珠笔。

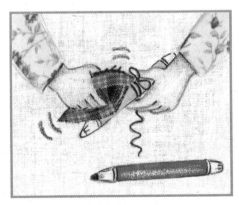

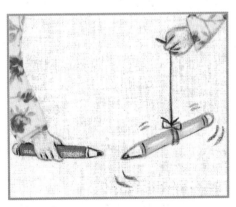

3 用抹布再擦拭几下拴有线的圆珠笔，然后将圆珠笔提起来。

4 将另一只圆珠笔靠近这支悬空的圆珠笔。

实验结果：

当两支圆珠笔接近时，悬空的圆珠笔开始旋转，即使两支笔没有任何接触，也会互相产生推力。

 ### 为什么会这样？

用抹布擦拭圆珠笔后，圆珠笔上会产生负电，抹布上则产生正电。由于电具有同性相斥、异性相吸的特点，所以当两支都带有负电的圆珠笔相遇时，就会发生排斥现象。

图画
科学馆

今天我读了……

小学生实用成长小说系列

《小学生实用成长小说》系列旨在让小朋友养成爱学习、爱读书、善计划、懂节约的好习惯。每个孩子都具有自我成长的潜能，爱孩子就给他们自我成长的机会吧！让有趣的故事陪伴孩子一路思考，在欢笑中成长！

长大不容易——小鬼历险记系列

《长大不容易——小鬼历险记》系列讲述了淘气鬼闹闹从猫头鹰王国得到魔法斗篷，历尽千难万险，医治爸爸和拯救妈妈的故事。故事情节惊险刺激、引人入胜，能让小朋友充分拓展想象力，同时学到很多关于人体的知识。

小学生百科全书系列

《小学生百科全书》一套共有五册，分别为数学，美术、音乐、体育，科学，文化，世界史。内容生动活泼、丰富多样，并配有彩色插图，通俗易通，让小学生在阅读的过程中，既能吸收丰富的各类知识，又能得到无限的乐趣。